AF259971

VOYAGES ET DÉCOUVERTES

DU

DOCTEUR LIVINGSTON.

RÉCIT

DÉDIÉ AUX PETITS AMIS DES MISSIONS.

PARIS,

GRASSART, LIBRAIRE-ÉDITEUR,

5, rue de la Paix, et rue Saint-Arnaud 4.

1857.

VOYAGES ET DÉCOUVERTES

DU

DOCTEUR LIVINGSTON.

VOYAGES ET DÉCOUVERTES

DU

DOCTEUR LIVINGSTON.

RÉCIT

DÉDIÉ AUX PETITS AMIS DES MISSIONS.

PARIS,

GRASSART, LIBRAIRE-ÉDITEUR,
3, rue de la Paix, et rue Saint-Arnaud, 4.

—

1857.

AUX PETITS AMIS DES MISSIONS.

CHERS AMIS,

Sachant tout l'intérêt que vous portez à l'œuvre des Missions Évangéliques, nous avons cru faire quelque chose qui vous serait agréable en vous donnant, sous une forme brève et concise, un récit des voyages et des découvertes du révérend docteur Livingston ; nous y avons été encouragé aussi, en apprenant que les lecteurs du *Jeune Chrétien* (1) avaient lu avec plaisir ce récit dans cette petite publication.

Nous y avons ajouté quelques nouveaux

---

(1) LE JEUNE CHRÉTIEN, *Petite Revue des Enfants*, un numéro de 32 pages, petit in-16, avec vignettes intercallées dans le texte, paraissant le 1er de chaque mois. Prix d'abonnement : 2 fr. 50 c. par an. — On s'abonne chez Grassart, libraire-éditeur, 3, rue de la Paix, et rue Saint-Arnaud, 4, et chez tous les libraires protestants de la France et de l'étranger.

détails, qui ne sont pas connus de ces derniers, et entre autres une courte notice sur le docteur Livingston, sous forme d'introduction.

Chers amis, nous serons doublement payé pour notre travail, si vous lisez ces pages avec plaisir et surtout avec fruit, et si elles peuvent contribuer à développer dans vos jeunes cœurs, l'intérêt en faveur de ces pauvres païens qui, moins heureux que vous, n'ont pas le privilége de posséder l'Évangile.

A. Racine-Braud.

INTRODUCTION.

———

Le docteur Livingston, dont le nom est si célèbre aujourd'hui, est natif du petit village de Blantyre, en Écosse; dans sa jeunesse, il travailla dans une fabrique de tissus. Cependant, au milieu de ses occupations journalières, il éprouva un vif désir de s'instruire, et c'est dans ce but qu'il se rendit à Glascow, où il commença ces études, qui ont eu de si beaux résultats; qui l'ont préparé d'abord pour l'œuvre la plus noble, celle de répandre au sein des populations païennes les bienfaits du Christianisme et de la civilisation, et qui l'ont rendu capable d'entreprendre avec succès les explorations dont nous allons parler.

Il continua à s'instruire, non sans difficulté, et se sentit bientôt appelé à travailler à l'œuvre des Missions. Comprenant de quelle importance serait pour lui la connaissance de la médecine, il étudia cette science, se mit au service de la Société des Missions de Londres et se rendit en Afrique. Il débarqua au Cap de Bonne-Espérance, où il fut d'abord occupé de travaux et d'observations astronomiques.

Ceci, cependant, n'était que temporaire, et bientôt il se mit en route pour son champ de travail, qui était la station de Kuruman, devenue vacante par l'absence du célèbre Moffat. Il entra immédiatement avec ardeur et succès dans l'œuvre à laquelle il avait consacré sa vie. Il trouva l'intrépide Moffat un homme selon son cœur, et sa fille tellement semblable à son père, qu'il l'aima et l'épousa ; cette digne femme partage maintenant avec lui les honneurs dont il est l'objet.

L'intérêt qui s'attache aux découvertes du docteur Livingston est surtout vivement senti par les personnes qui ont à cœur les progrès de l'Evangile en Afrique, car le principal désir du missionnaire, dont nous venons d'esquisser brièvement la vie, est de préparer la voie à l'Évangile.

— « Que Dieu m'accorde la vie, s'écrie-t-il, de sorte que je puisse faire davantage pour la pauvre Afrique ! » — Et l'on est heureux de voir que les réceptions flatteuses dont il est l'objet, n'ont pas pour effet de le détourner du noble but qu'il a en vue. Le zélé missionnaire brûle au fond de son cœur, et il n'oublie pas où réside le secret du succès de cette œuvre. — « Ce n'est pas, dit-il quelque part, par de grands meetings, par de magnifiques discours et beaucoup d'excitation, qu'on fera quelque chose ; c'est par un dur labeur, dans le silence, sous le sentiment de la présence de Dieu et dans l'espoir de voir des fruits de ces efforts. »

Il est intéressant, chers amis, de voir comment cet homme est sorti des rangs obscurs du peuple, comment il a été préparé pour l'œuvre qui lui a été assignée par le Seigneur, et de quels succès ses efforts ont été couronnés. Le zèle dont il a fait preuve, et qui l'anime de plus en plus, nous montre la puissance de l'Évangile, qui engendre encore les grands dévoûments, et qui, en poursuivant sa mission de paix et d'amour, rend également de grands services à la science.

Nous citerons, à cet égard, les paroles suivantes du colonel Rawlinson :

« On ne sait pas combien la géographie doit aux missions chrétiennes. Si l'on examinait l'histoire de l'Asie ou de l'Afrique, on trouverait que, depuis les âges les plus reculés jusqu'à nos jours, toutes les grandes découvertes ont été faites par des missionnaires. Mais on ne leur doit pas seulement quelques progrès de la science ; indépendamment des résultats éternels de leurs travaux évangéliques, il en est qui sont faits pour provoquer non moins d'admiration que les découvertes de la géographie. J'ai vu moi-même, dans ces vingt dernières années, une nation, si je puis donner ce nom à 30,000 ou 40,000 familles, sortir de la barbarie la plus profonde et prendre place parmi les peuples civilisés, grâce aux efforts d'une petite troupe de missionnaires américains. Cet exemple-là fait concevoir ce qu'on peut attendre des efforts des missionnaires du sud de l'Afrique. Je suis assuré d'expri-

mer le sentiment unanime de l'assemblée
et de tous les hommes de science, en ex-
primant le vœu ardent que la vie de
l'homme distingué que nous avons devant
nous, soit prolongée, pour compléter l'œuvre qu'il a si noblement et si heureuse-
ment commencée. »

Faisons le même vœu, chers amis, et
puissent les ténèbres qui couvrent la pauvre Afrique se dissiper graduellement devant la lumière glorieuse et bienfaisante
de l'Évangile!

VOYAGES ET DÉCOUVERTES

DU

DOCTEUR LIVINGSTON.

Chers enfants, vous savez tous que l'Evangile doit être prêché à toutes les nations, que sa lumière vivifiante doit éclairer le monde, qu'elle doit pénétrer les âmes et les amener à la vérité ; mais vous savez aussi que « les lieux ténébreux de la terre sont, comme le dit le Prophète, remplis de cabanes de violence, » et que nous avons tous besoin de dire avec foi :

« Ton règne vienne ! »

Cet Evangile éternel fait des progrès ;

l'ange qui le porte, traverse le ciel ; il s'arrête ici et là pour éclairer, pour bénir, pour amener les âmes à la vie du ciel ; c'est de cette œuvre et des progrès qui devront en résulter que nous venons vous entretenir aujourd'hui, en vous parlant des voyages et des découvertes du missionnaire Livingston.

Le docteur Livingston, missionnaire en Afrique, établi depuis de longues années dans la station de Kolobeng, située à 40 lieues nord de Kuruman, est gendre du missionnaire Moffat, dont vous connaissez les travaux et le zèle admirable au milieu des païens du Kuruman. Depuis longtemps, M. Livingston avait entendu parler d'un grand lac

que les indigènes disaient être au nord-ouest, et de peuplades nombreuses et intelligentes bien au - delà des Grignas, et qu'on disait être si éloignées, qu'on n'avait pu y atteindre, d'autant plus qu'il fallait traverser un grand désert. Ce cher missionnaire résolut d'y parvenir ; il voulait annoncer Christ où personne ne l'avait fait connaître, et il croyait que Dieu peut aplanir tous les obstacles. Il n'ignorait pas qu'il rencontrerait de grands dangers, que peut-être même il perdrait la vie, mais il se confia en Dieu, et commença son premier voyage en 1849.

Il partit en wagon, accompagné de deux anglais qui désiraient l'aider, et de quelques indigènes.

Ce fut un voyage bien difficile et bien long : on traversa un désert, mais quoique ses compagnons fussent tous malades, souffrant de la chaleur et de la soif, ils continuèrent leur entreprise, parcoururent un espace de 100 lieues, puis arrivèrent au bord d'une belle rivière, le Tonga, dont ils n'avaient pas entendu parler. Ce fut pour le docteur et ses amis, une heureuse découverte, car les bords du fleuve étaient fertiles, ombragés, et habités par un peuple qui les reçut avec beaucoup d'hospitalité. Ils avaient des canots, de sorte que, sans difficulté, le docteur et ses compagnons descendirent jusqu'au lac Ngami. Le docteur désirait beaucoup visiter un chef qui habitait dans l'intérieur des terres. Ce chef, nommé Sébitoané, aimait les missionnaires, et M. Livingston était pressé dans son cœur du besoin de lui annoncer l'Evangile.

Le voyez-vous, chers amis, ce zélé mis-
sonnaire, seul dans un canot conduit par
des sauvages inconnus ? Il les aime déjà, il
souhaite de leur parler du Sauveur, et c'est
ce désir ardent qui l'anime et l'encourage.
Et nous, que faisons-nous pour amener une
seule âme à Jésus ? Ne sommes-nous jamais
arrêtés par des considérations extérieures ?
Je laisse cette question à vos pensées, et je
reprends notre récit.

Après un voyage de 100 lieues sur la rivière, le docteur vit enfin ce lac dont il avait
entendu parler ; d'un côté il pouvait aper-
cevoir les rives opposées, mais dans une autre direction les eaux lui paraissaient comme
une vaste mer. Ce lac a 25 lieues de long,
vous pouvez le voir sur la carte, et là se ter-

mina le premier voyage du docteur Livingston, qui ne put pénétrer plus avant dans le pays, les indigènes se refusant absolument à le conduire au-delà du lac (1).

Mais en retournant à Kolobeng, il résolut, avec l'aide du Seigneur, de trouver le moyen d'aller plus loin l'année suivante.

Il partit donc en 1850, et comme il espérait pouvoir accomplir tout ce qui était dans son cœur pour ces pauvres peuples païens, et pouvoir se fixer au milieu d'eux, il prit avec lui ses enfants et madame Livingston, afin de n'être pas séparés aussi longtemps. Cependant il fut encore une fois désappointé, et ne put aller au-delà de la rivière Tonga qui était débordée; c'était aussi une saison peu favorable, plusieurs de ses compagnons devinrent malades de la fièvre, et ils étaient tourmentés par la mouche tzals-atza dont la piqure est mortelle. Il fut donc obligé de retourner à Kolobeng.

Le docteur Livingston n'est pas un homme qui se laisse arrêter par des découragements et des difficultés d'aucune espèce. Il avait pris la résolution d'aller au milieu de ces peuplades éloignées, pour l'amour

---

(1) C'est à la suite de cette première expédition, que le docteur Livingston reçut de la Société royale de Géographie, le grand prix pour l'encouragement des découvertes et de la science géographique.

du Seigneur, et il pria afin que les moyens
d'y arriver lui fussent accordés. Aussi, dès
l'année suivante, 1851, il partit avec sa famille et un ami. Dans ce voyage il traversa
le Tonga, se proposant d'arriver dans la
ville du chef Sébitoané, qui se nomme Lynianti; elle est bâtie sur le bord d'une belle
rivière nommée Chobe. Mais le docteur ne
savait rien de tout cela lorsqu'il partit, et il
eut à traverser des contrées arides, puis
d'autres fertiles et agréables, comme aussi
toute une étendue de marais affreux, très-
difficiles à passer, puis une autre rivière, le
Souta, et enfin le Chobe. Ayant quitté son
wagon, il descendit la rivière dans un canot,
et arriva à Lynianti où le chef le reçut avec
une grande joie.

Mais ce chef tomba malade, et mourùt peu de jours après ; ce fut un grand chagrin pour notre ami qui espérait beaucoup de lui. Le peuple craignit aussitôt que le missionnaire ne le quittât, et lui dit : » Ne nous laissez pas ; Sébitoané est mort, mais ses enfants restent, et vous devez les traiter comme vous l'auriez traité. » Voyez comme Dieu inclinait le cœur de ces hommes sauvages à recevoir son serviteur ! Il leur promit de revenir un jour, ne pouvant alors rester au milieu d'eux, et il se disposa à retourner à Kolobeng. Avant il voyagea jusqu'au fleuve Zambèse que les indigènes appellent Leambye. — Ah ! qu'il eut du plaisir à voir enfin cette grande rivière, c'était comme la porte ouverte au centre de l'Afrique, et la communication d'un Océan à l'autre !

Il quitta ces peuplades, et résolut de conduire sa femme et ses enfants au Cap, pour les envoyer en Angleterre, pendant qu'il retournerait à Lynianti, afin d'y trouver un lieu convenable pour une station missionnaire. Il savait que ce voyage d'exploration prendrait deux ans au moins, que pendant tout ce temps il serait au milieu des hommes les plus sauvages de la terre ; et il désirait placer sa chère famille au milieu d'amis chrétiens, de ceux qui adouciraient ainsi sa solitude, et soutiendraient sa confiance au Seigneur.

(Ville du Cap).

Ainsi madame Livingston et ses enfants partirent ˈdu Cap, pour l'Angleterre, et le 8 juin 1852, le docteur Livingston quitta cette ville pour recommencer de longs et périlleux voyages.

Après s'être arrêté quelques jours au Kuruman chez le missionnaire Moffat son beau-père, il reprit la direction de Lynianti, par une route différente pour éviter le tzetsé. Ce voyage, quoique au milieu de contrées boisées et riantes, ne fut pas moins difficile que le précédent au milieu des déserts, car il dut traverser des contrées couvertes de hautes herbes de 8 ou 10 pieds, qu'il fallait couper afin que les bœufs pussent tirer le lourd wagon. C'était un voyage bien fatigant, mais il avait à endurer des difficultés bien plus grandes, car lorsqu'il arriva près du pays des rivières, il y avait un si grand débordement, que c'était comme une vaste mer.

Cependant, comme il avait apporté du Cap un petit canot, il put continuer son voyage désirant arriver au fleuve Chobe, et pour cela il dut pendant trois longues journées couper de hauts roseaux qui étaient si serrés et si épineux qu'il semblait impossible d'avancer. Mais le missionnaire ne pouvait être

arrêté ; il engagea un jeune indigène à l'accompagner pour l'aider dans cet ouvrage ;
enfin le quatrième jour, il arriva au bord du
fleuve Chobe, et put lancer son petit bateau
sur ses profondes eaux, et avec un cœur
reconnaissant, il s'avança jusqu'à un village
des Maholola ; ces gens ne pouvaient croire
qu'il fût véritablement arrivé, qu'il eût pu
traverser les pays inondés ; ils disaient, que
certainement il était tombé des nuages, ou
qu'il avait été porté sur le dos d'un hippo-
potame.

Avec quelle joie on apprit bientôt à Lynianti que le docteur Livingston était de retour ! le chef Seheletu, fils de Sébitoané, envoya 140 hommes et plusieurs canots pour
l'amener ainsi que le wagon, et lorsqu'il vit
enfin le missionnaire, il s'écria : « J'ai main-

tenant un autre père au lieu de Sébitoané. »
Pauvres gens ! ils pensaient que le missionnaire leur apprendrait à prier Jésus, et
qu'ils seraient bientôt sages et riches comme
les blancs ! Ce n'était pas encore le désir
d'aimer Dieu ! Ce fut avec beaucoup de
peine que M. Livingston put quitter Lynianti ; le chef et son peuple ne voulaient pas
le laisser partir, beaucoup d'indigènes vou-
lurent l'accompagner à une grande distance,
et ne le quittèrent qu'au bord du fleuve Zambèse. Notre frère désirait surtout trouver
un lieu favorable pour l'établissement d'une
station missionnaire ; le pays était beau et
fertile, mais rempli de bêtes féroces.

Un soir, tandis qu'il était assis avec ses gens

autour du feu, pas moins de 80 buffles pas-
sèrent près d'eux. Les lions y sont tellement
hardis et nombreux , qu'ils n'ont aucune
peur des hommes, mais le Seigneur qui pré-
serva son serviteur Daniel dans la fosse aux
lions, entoura de sa protection son dévoué
missionnaire.

Au milieu de toutes ses fatigues, des
périls de toutes sortes, des maladies et des
peines inséparables d'une telle entreprise,
le docteur Livingston se sentait tellement
heureux et tellement fortifié par le Seigneur,
qu'il écrivait : « Le cœur joyeux vaut une
médecine, la joie du Seigneur est ma force,
faire connaître Christ, quelle grâce ! » —
Vingt-sept indigènes de Lynianti désirèrent
l'accompagner dans tout son voyage; ils
remontèrent donc le Zambèse, et entrèrent
sur le Léoba, autre fleuve de ce bassin. Mais
bientôt le docteur fut obligé de quitter le canot
pour le dos d'un bœuf; c'était bien différent et
beaucoup plus fatigant ; de cette manière il
parcourut plus de 100 lieues au travers
d'épaisses forêts, d'immenses jungles et de
grands marais. Jour après jour, il fut trans-
percé par les pluies, et n'avait le soir pour
se reposer, d'autre lit que la terre humide ;

non - seulement cela, il fut obligé de se
nourrir pendant plusieurs jours d'une ra-
cine malsaine qui affaiblit beaucoup sa vue;
il eut aussi des fièvres terribles, et enfin il
tomba au milieu d'une tribu sauvage appelée
Chibogne, accoutumée à faire la traite pour
les Portugais; il eut beaucoup à souffrir
de leurs mauvais traitements et craignit
plus d'une fois d'être pris ou tué. On
voulait s'emparer des hommes qui l'accom-
pagnaient, mais encore une fois la bonne
main du Seigneur fut avec lui pour le déli-
vrer. Enfin ces dangers furent passés, car il
arriva dans la province d'Angola où il ren-

contra des Portugais qui le traitèrent avec beaucoup d'hospitalité. Il fut reçu avec affection dans la maison du consul anglais et put se reposer et se remettre des fatigues extrêmes de son voyage. Avec quelle reconnaissance et quelle joie notre frère repassait en son souvenir la providence du Seigneur à son égard ! il avait donc réussi dans son projet, de trouver un passage du centre de l'Afrique à l'Océan occidental. Maintenant il aurait pu s'embarquer pour l'Angleterre, des vaisseaux étaient dans le port de Loanda

et quel bonheur n'aurait-il pas eu de rejoindre et d'embrasser sa famille ! Mais aurait-il accompli la mission qu'il avait entreprise en invoquant le secours du Seigneur ? les efforts qu'il avait déjà faits auraient-ils été couronnés de succès ? devait-il abandonner ses fidèles compagnons aux périls d'un retour difficile jusqu'à Lynianti ? Il pesa toutes ces considérations et se décida à ramener ces indigènes au milieu de leur tribu;

il fit le projet de suivre cette fois tout le cours du fleuve Zambèse jusqu'à son embouchure dans l'Océan indien. Il s'arrêta en divers endroits, tels que Bragance, Cabango et d'autres, pour consigner des observations géographiques. Il fut plus d'une fois ennuyé et arrêté par les menées de différentes tribus, entre autres celles des Casaï, qui enlevèrent des bords de la rivière tous leurs canots, afin que M. Livingston se trouvât pris au milieu d'eux, mais après beaucoup d'efforts, ses gens purent s'en procurer un fort petit, et ils continuèrent jusqu'au Léoba à 250 lieues est. Là , ses

compagnons se mirent à construire un canot, et aussitôt qu'il fut achevé, ils recommencèrent à naviguer très-rapidement sur

les eaux du fleuve Zambèse, et furent enfin
les bien - venus à Lynianti. Oh! comme
notre cher missionnaire rendit grâces à
Dieu, de lui avoir donné la résolution et la
force de ramener au milieu de leur tribu,
les hommes qui l'avaient accompagné avec
tant de confiance !

Tous ceux qui les revoyaient étaient d'autant plus disposés à écouter le missionnaire
et à désirer de le posséder auprès d'eux. Les
choses nouvelles et merveilleuses que ces
indigènes racontaient de leur voyage, de
leur séjour à Loanda au milieu des euro-

péens, étaient pour leurs familles un sujet
de grande admiration et aussi de confiance
en M. Livingston. Ils crurent qu'il était sage
et bon, que son Dieu le rendait sage, et ils
lui en donnèrent une preuve évidente en le
priant de se laisser accompagner par 110
d'entre eux jusqu'à l'embouchure du Zambèse, bien qu'il fallût traverser le pays de leur
grand ennemi Mosselekatsi ; mais ils pensaient que l'homme sage et bon pourrait les
préserver de tout mal. Aussitôt que la saison fut favorable, le docteur Livingston et
sa nombreuse suite se mirent en route ; le
docteur était monté sur un bœuf, les autres
suivaient à pied ; la caravane allait lente-
ment comme vous pouvez le penser. Il fit
alors beaucoup d'observations utiles et sa-
vantes pour lesquelles il se servait d'instru-
ments tellement merveilleux aux yeux des
indigènes, qu'ils disaient, que l'homme pouvait faire descendre sur la terre le soleil et
la lune. Tout le pays qu'ils traversèrent
pendant plusieurs jours était fertile et ma-
gnifique, produisant du blé, du maïs, des
cannes à sucre. Le peuple est laborieux,
intelligent, actif ; très-habile à forger le
fer. Il se montra toujours hospitalier. —
Comme le docteur Livingston et ses gens ap-
prochaient un soir d'un village, le chef s'a-
vança au-devant de la troupe, les pressa
d'entrer, d'y choisir un arbre afin de s'y re-

poser, et ayant donné des ordres que M. Livingston ne pouvait comprendre, bientôt les habitants du village apportèrent des espèces de cloisons ou de toits qu'ils arrangèrent

autour de l'arbre, afin que le missionnaire pût s'y reposer en sûreté. Ah! prions aussi afin que ces pauvres Balonda puissent bientôt avoir des missionnaires, qui leur fassent connaître ce Jésus qui est descendu sur la terre, où il n'eut pas même un lieu pour re-

poser sa tête, et qui les invite à se reposer
à l'ombre de sa croix ! Les provisions de
toute espèce ne manquèrent pas au missionnaire et à ses gens, car les tribus de ce
pays leur donnaient amplement du riz, du
maïs, du blé et des légumes — quant au gibier, il était toujours facile de s'en procurer.
Mais n'oublions pas, chers petits amis, que ces
pauvres païens sont plongés dans les ténèbres épaisses de la plus grossière idolâtrie.
Ils adorent des morceaux de bois , des fi-
gures de lion; ils battent du tambour devant
leurs idoles, et les adorent dans de sombres
forêts ou dans des cavernes.

En voyant toutes ces tristes choses, écrivait le docteur Livingston, je suis quelque-
fois comme désespéré. — Oh ! quand enten-
dront-ils parler de Christ ! quand auront-ils
au milieu d'eux des missionnaires dévoués ? Ce
désir et cette prière seront bientôt accomplis,
car les directeurs de la Société des Missions
de Londres vont envoyer d'autres missionnaires qui accompagneront le docteur Livingston à son retour.

Après avoir quitté Balonda, le missionnaire arriva à une île du Zambèse, appelée
Kalan ; là, il eut le bonheur de trouver des

lettres du missionnaire Moffat et de sa famille qui l'attendaient depuis un an ! Elles avaient été expédiées à Mosselekatsi qui les avait envoyées au chef des Mahololo, qui en avait pris grand soin. Le docteur Livingston visita les magnifiques cascades,

formées par le Zambèse au milieu des rochers. Il s'éloigna du Zambèse, traversa un autre cours d'eau appelé Loanga, et enfin sur un plateau salubre et élevé, découvrit un lieu propice pour y fonder une station missionnaire. Cette perspective le remplit de reconnaissance envers Dieu; il lui semblait que toutes ses fatigues se dissipaient. Il arriva ensuite au milieu des ruines d'une ville fondée jadis par les Portugais, et se trouva entouré de tribus qui lui témoignèrent beaucoup de bienveillance; on disait: voici l'homme qui appartient au peuple qui aime les hommes noirs. Ces tribus ne tuent jamais de lions, de sorte qu'ils ont extraordinairement multiplié dans le pays, et les indigènes sont obligés de dormir sur les arbres.

Nous arrivons à la fin de ce long voyage. Il était temps que ce cher missionnaire pût se reposer et se soigner, car sa santé commençait à être bien altérée par les chaleurs excessives qu'il endurait dans une contrée couverte de pierres, de petits buissons et d'herbes si hautes qu'on ne savait où marcher. Un jour il se coucha sur la terre, et ne pouvait aller plus loin. Mais il n'était qu'à deux lieues d'une ville Portugaise, celle de Têté et le gouverneur ayant appris son état, envoya immédiatement de la nourriture convenable qui répara ses forces, de sorte qu'il put marcher jusqu'à la ville, et fut reçu avec beaucoup d'égards. Il s'y arrêta quelque temps jusqu'à ce que la saison fut favorable au voyage qui restait à accomplir pour arriver à la côte, à peu près 100 lieues. Pendant son séjour il apprit que la contrée renferme des mines de charbon, d'or et de fer ; le coton et l'indigo y croissent naturellement ainsi que beaucoup d'autres plantes utiles. Aussitôt qu'il put se mettre en route en toute sûreté, il partit pour Quillimane où un vaisseau de guerre l'attendait. Mais le temps était si orageux qu'il dut attendre quelques jours ; enfin il s'embarqua pour Maurice avec un indigène qui désirait visiter l'Angleterre ; mais la vue de tant de choses nouvelles et extraordinaires pour celui-ci l'avait tellement impressionné ,

qu'en arrivant à Maurice et voyant un bateau à vapeur avancer sans voiles, il perdit la

raison et se jeta à la mer. Sa mort fut un
grand chagrin pour le docteur Livingston.
Les autres indigènes sont restés à Tété pour
y attendre le retour de leur cher docteur,
qui leur a promis de les ramener dans leur
pays à Lynianti.

Ce zélé missionnaire est maintenant en
Angleterre, pour un peu de temps; ne se-
rons-nous pas tous heureux de l'aider par
nos prières, et de nous intéresser de cœur à

cette œuvre qu'il va commencer avec d'autres serviteurs de Dieu au centre de l'Afrique?

PARTICULARITÉS

SUR LE CENTRE DE L'AFRIQUE.

———

Dans la séance solennelle de la Société royale de Géographie de Londres, où le docteur Livingston reçut une médaille d'or , au bruit des applaudissements et des cris enthousiastes d'une assemblée choisie, l'illustre voyageur donna sur certaines régions de l'Afrique, inconnues avant lui, des détails du plus haut intérêt et qui renversent toutes les hypothèses jusqu'ici faites à leur égard. Grâce à lui, il est désormais prouvé que la partie du continent africain située entre le dixième et le vingtième degré de latitude méridionale, loin d'être complètement aride, sans végétation et sans habitants, est traversée dans tous les sens par des fleuves nombreux, inépuisables, et il est admirablement fertile. Les éléphans, les girafes, les buffles, les zèbres, cent espèces de gibier et trois espèces d'antilopes qu'on n'a jamais vues en Europe y abondent. Le fusil du docteur est le premier qui ait paru dans leur domaine, et ces animaux se défiaient si peu de l'arme meurtrière qu'ils se laissaient tuer à bout portant. La contrée est d'ailleurs élevée au-dessus du niveau de la mer, rafraîchie par des brises délicieuses ; elle produit beaucoup de fruits et de grain.

C'est là que réside le véritable Nigritien, le nègre aux cheveux frisés, à la peau noire comme du jais ; en un mot, la race intelligente, quoique naïve et endormie, destinée à gouverner l'Afrique dès qu'elle se sera abreuvée aux sources vivifiantes de la science européenne. Le rang social accordé aux femmes est une preuve évidente de l'instinct qui dispose ces hommes, longtemps calomniés ou ignorés, à recevoir les bienfaits de notre civilisation. Ici, nous nous bornons à traduire les paroles du docteur Livingston :

« La volonté des femmes est souveraine, a-t-il dit, à la Société royale de Géographie ; parfois même elles deviennent chefs de tribus. Si vous demandez à un nègre d'aller n'importe où, de faire n'importe quoi, il répond tout d'abord : Je vais chez moi consulter ma femme. Si la femme a dit non, rien ne décidera l'homme à bouger. Les femmes asistent aux assemblées publiques ; elles y ont voix délibérative, et tandis que le Bechuana (race de noirs voisine de l'Océan) jure par son père, les indigènes du pays auquel je fais allusion jurent par leur mère. Il arrive même aux femmes d'abuser un peu de l'autorité que le sexe mâle leur reconnaît. De là un singulier usage. Lorsqu'une femme a battu son mari, on les amène l'un et l'autre sur la place du marché , et la femme est obligée, pour expier son délit, de prendre l'époux maltraité sur son dos et de le porter au domicile conjugal à travers la foule réunie, qui bat des mains. Quand je dis la foule, j'entends les hommes qui en font partie, car les femmes humiliées, loin d'applaudir au châtiment et d'exciter la coupable au repentir, lui crient de toute leur force : *Bats-le encore ! bats-le encore !* »

C'est là une vengeance bien innocente, comme on le voit, aussi innocente que le châtiment lui-même. Le docteur Livingston ne s'en étonnait pas le moins du monde, car les mœurs des négresses sont aussi douces que les mœurs des nègres dans le pays où se passent des scènes de la nature de celle qu'il vient de décrire. Il a constamment trouvé les femmes d'une affabilité charmante pour lui et pour son escorte. Elles lui témoignaient même en général une amitié touchante, et ne lui refusaient aucun des services dont il avait besoin.

CIRCONSTANCE REMARQUABLE.

A l'assemblée générale de la Société des Missions évangéliques, tenue à Paris, le 22 avril 1857, M. Casalis, directeur de la Maison des Missions, a donné des détails pleins d'intérêt sur les travaux du docteur Livingston; les découvertes de cet intrépide missionnaire, a-t-il dit, ouvrent un horizon immense devant les Missions; il a reculé de plus de 10 degrés l'étendue du pays qu'on connaissait avant lui. Une circonstance bien remarquable, c'est que l'une des puissantes tribus que le célèbre voyageur a découvertes, est une fraction de celle des Bassoutos, forcée, il y a environ vingt-cinq ans, d'abandonner sa patrie, à la suite des guerres qui désolaient ces contrées avant l'arrivée de nos missionnaires; par conséquent, les Livres-Saints publiés par les soins de la Mission française en langue *sessouto* pourront servir à l'évangéliser.

LE DOCTEUR LIVINGSTON

Et les Écoles déguenillées.

———

Le *Manchester Examiner* a publié une lettre adressée au docteur Livingston par M. Thorton, un des directeurs des écoles déguenillées de Stockport. A cette lettre étaient joints trente timbres-poste envoyés par les élèves.—La lettre contenait à peu près ce qui suit :— Le maître, M. Jackson, ayant parlé à ses élèves des voyages et des dangers courus par le docteur Livingston, et leur ayant exposé les motifs de son retour en Angleterre, un de ces pauvres garçons s'écria : donnons-lui de l'argent ! et ils avaient résolu à l'unanimité, d'ouvrir entre eux une souscription. Quelques-uns donnèrent tout l'argent qu'ils possédaient, d'autres qui n'en avaient point vendirent leurs billes pour s'en procurer.

Le docteur Livingston a été vivement touché de la libéralité de ces pauvres enfants et a dit que, depuis son retour en Angleterre, rien ne l'avait plus ému que ce témoignage spontané. Il a exprimé tous ses regrets de ne pas pouvoir aller rendre visite à ces enfants et termine sa lettre en disant : « Ce que je puis faire de mieux pour ces chers enfants , c'est de les placer tous sous la protection de notre divin Sauveur le Seigneur Jésus, et de leur recommander de le prendre pour leur ami, leur guide et leur conseiller pendant toute leur vie. »

Nos petits lecteurs savent sans doute que les Ecoles déguenillées sont surtout fréquentées par les enfants les plus pauvres et les plus malpropres, d'où leur vient le nom de déguenillées.

TABLE DES MATIÈRES.

FIN DE LA TABLE DES MATIÈRES.

Melun. — Imprimerie de DESRUES et Cie.